U0196078

图书在版编目（CIP）数据

三叶虫的海洋 / 王瑜著. -- 上海：少年儿童出版社，
2024. 11. -- （多样的生命世界）. -- ISBN 978-7-5589-
1984-8

Ⅰ. Q915.819-49

中国国家版本馆 CIP 数据核字第 20248Q4V75 号

多样的生命世界·萌动自然系列 ⑦

三叶虫的海洋

王　瑜　著

萌伢图文设计工作室　装帧设计

黄　静　封面设计

策划　王霞梅　谢瑛华

责任编辑　邱　平　美术编辑　施喆菁

责任校对　陶立新　技术编辑　陈钦春

出版发行　上海少年儿童出版社有限公司

地址　上海市闵行区号景路 159 弄 B 座 5-6 层　邮编　201101

印刷　上海雅昌艺术印刷有限公司

开本　787×1092 1/16　印张　2.5　字数　9 千字

2025 年 1 月第 1 版　2025 年 1 月第 1 次印刷

ISBN 978-7-5589-1984-8/N·1307

定价　42.00 元

本书出版后 3 年内赠送数字资源服务

上海市科委科普项目资助
〔项目编号：23DZ2302700〕

多样的生命世界 ◎ 萌动自然系列 ⑦

三叶虫的海洋

◎ 王 瑜 / 著

我是动动蛙，欢迎你来到"多样的生命世界"。让我们回顾生命的发展，回到亿万年前的海洋里，去见识一下三叶虫吧！

密码：dydsmsj#3ycsea

少年儿童出版社

地球初成

我们生活的地球，大约已形成 46 亿年了。在地球形成的最初十几亿年中，地球环境完全不适合生命的存在。那时，到处都是火山爆发和地壳塌陷，滚滚熔岩将整个地球表面变成了一片火热的海洋。

> 还好那个时候我不在，否则肯定被烧成灰了！

从无到有

随着地球活动喷发出大量气体，地壳上空逐渐形成了原始大气层，其中的一些基本元素，如碳、氢、氧、磷、硫等逐渐发生化学反应，组成了最初的无机小分子——氢气、氨气、甲烷和水蒸气等。

后来，地球慢慢冷却下来，来自大气的降水和地球内部的水分形成了原始海洋。随着时间的推移，原始海洋慢慢冷却下来。海洋中积累的无机小分子越来越多，又经历了缓慢而复杂的化学反应过程，最终形成了一些简单的有机物，它们就是地球最早生命的基础。

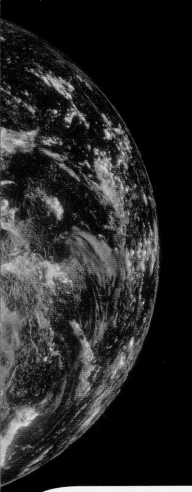

米勒实验

几十亿年前的地球太遥远了，我们是怎么知道最初的地球生命是怎样产生的，又是如何在原始海洋中形成的呢？

1953 年，一个叫米勒的年轻人模拟了原始地球的环境。

他在一个容器中装入氢气、氨气、甲烷和水，并使这些物质充分混合，再对容器通电，以模仿原始地球时期自然界的闪电。一个星期以后，米勒发现容器中产生新的三种不同的氨基酸，这些小分子有机物正是组成蛋白质的基本物质。

米勒实验说明，原始海洋的环境，已经具备了形成有机物的条件，也为生命物质的诞生做好了准备。

可以去看看解说视频哦。

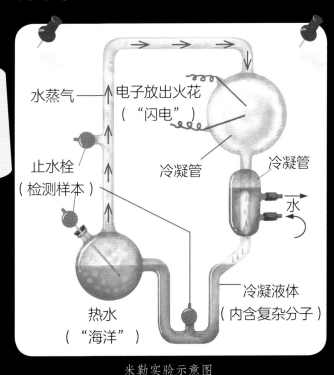

水蒸气 —— ↑ 电子放出火花
（"闪电"）

冷凝管

冷凝管

止水栓
（检测样本）

水

冷凝液体
（内含复杂分子）

热水
（"海洋"）

米勒实验示意图

原始生命

地球上最早的原始生命可追溯到距今38亿至35亿年前。当时的原始海洋中，出现了一些多分子的生命物质，它们逐渐被一种原始的膜所包裹，这使得它们和原始海洋环境有了分界。虽然它们的结构非常简单，但进一步发展后就形成了细胞的雏形，这就是原核生物。

一个生物就只有一个细胞，这也太简单了。

蓝细菌

最早出现的原核生物可能是一些蓝细菌，它们个体很小，但数量极其巨大，广袤的原始海洋中到处都有它们的踪影。这些蓝细菌虽然结构简单，但已逐渐具备了新陈代谢和繁殖等基本的生命特征。更重要的是，蓝细菌能进行光合作用，产生更多的有机物，而且释放氧气。

通过蓝细菌的努力，海洋和大气逐渐得到改造，地球环境也在缓慢地发生着变化。

"微生物"

蓝藻细菌生成的生物化石

原核生物虽然在几十亿年前就形成了，但直至我们生活的今天，它们依然存在于地球的各个角落。由于它们十分微小，无法用肉眼观察到，所以常常又被叫作"微生物"。现存的原核生物包括细菌、放线菌、支原体、衣原体、立克次体、蓝藻等。

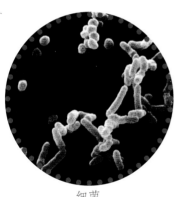

细菌

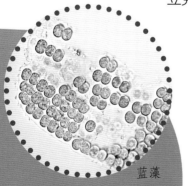

蓝藻

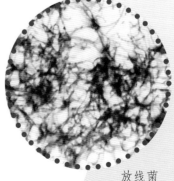

放线菌

沙眼衣原体

生命之源

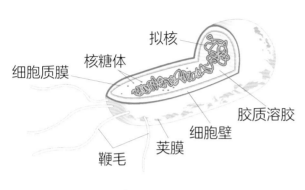

拟核
核糖体
细胞质膜
胶质溶胶
细胞壁
荚膜
鞭毛

原核细胞

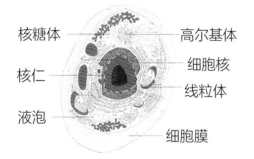

核糖体
核仁
液泡
高尔基体
细胞核
线粒体
细胞膜

真核细胞

单细胞的原核生物虽然简单微小，却是地球上一切生命的起源。原核细胞经历了漫长的地质年代演化，有些仍保持比较简单的结构，有些则向真核细胞演化。

在 20 多亿年前，随着原始光合生物产生大量氧气释放到大气中，真核生物开始产生。从那以后，地球上的生命加快了演化发展的速度，最终形成了后来丰富多样的生命世界。

原核细胞和真核细胞有什么不同呢？

萌懂一刻

看视频，长知识！

从细胞结构和功能上就可以看出区别。

原核细胞结构简单，没有核膜包裹的细胞核，仅有核糖体一种细胞器，遗传物质中没有蛋白质，主要采取二等分分裂的方式来繁殖。

真核细胞有明显核膜包裹的细胞核，其中还有核仁，有多种不同形状和功能的细胞器，遗传物质中有各种蛋白质，也就有了更多演化、发展的可能，比原核细胞在进化上更高等。

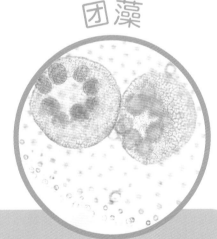

在原始海洋中，从单细胞生物演化成多细胞生物，花费了漫长的时间。在距今约 21 亿年前，多细胞生物出现了。它们的个体比单细胞的原核生物大得多，一般都肉眼可见。不过，这个变化可不只是细胞多少、个头大小的差别，因为多细胞生物的出现，使得生命形式有了向各个方向发展的可能。所以，这是生命演化长河中非常重要的一步。

团藻

母群体

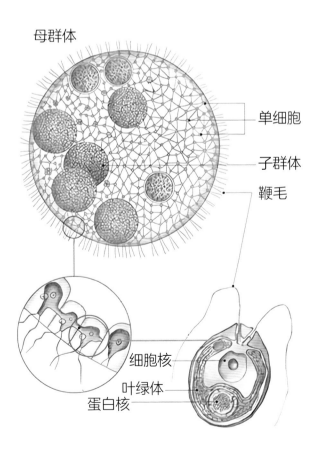

单细胞

子群体

鞭毛

细胞核

叶绿体

蛋白核

从单细胞到多细胞——团藻

团藻可能是历史最悠久的多细胞生物，直至今天仍遍布世界各地的水域中。团藻不但由多个细胞组成，而且这些细胞有了不同的功能。有的细胞长着鞭毛，可以在水中游泳；有的细胞具有感光能力，能够辨别方位；有的细胞具有分裂能力，能够繁殖后代。正是因为这些细胞"各司其职"，使得多细胞生物的生存能力比单细胞生物强得多。

古老的生物群

20多亿年前，多细胞生物已经出现在原始海洋中了。可是，在接下来的十几亿年中，多细胞生物的发展极其缓慢。直到在距今8.4亿～5.7亿年的地层中有了新发现，才让人们了解到在地球上曾经生活过的一些古老的多细胞生物。这些发现将生命演化的进程得以继续延续下去。

这些古老生物化石发现的地点比较集中，因此均以发现地来命名。

淮南生物群

淮南生物群发现于现在的中国安徽淮南，距今8亿～7.5亿年，是目前发现的世界上最古老的包括后生动物实体化石的生物群。它主要由没有硬壳的蠕虫类和藻类组成。

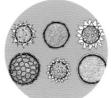

瓮安生物群发现于现在的中国贵州瓮安，距今6亿～5.8亿年。它包括多种多细胞藻类、两侧对称动物的化石、动物休眠卵和胚胎化石等。

埃迪卡拉生物群

埃迪卡拉生物群发现于澳大利亚南部埃迪卡拉山地，距今约5.7亿年。它包括能在海洋中灵活自如移动的门类众多的软体多细胞动物，还有首次发现的三射对称动物。当时那里是一片浅水暗礁，海床表面丰厚的软泥将海底生物的状态较好地保存下来，使得科学家在那里发掘出丰富的古生物化石。

寒武纪来临

在地质年代里，寒武纪是一个特别的时期，距今 5.42 亿～4.85 亿年。在那以前的十几亿年漫长的地质时期被称为"前寒武纪"。即便寒武纪到来前，还出现了埃迪卡拉等生物群，但仅从化石发现来看，动物数量和种类还是很少的。

可是，进入寒武纪后，生命演化的速度和节律一下子加快了。各种复杂、多样的寒武纪生物化石被陆续发现，寒武纪的影响甚至一直延续到我们现在的生活环境。

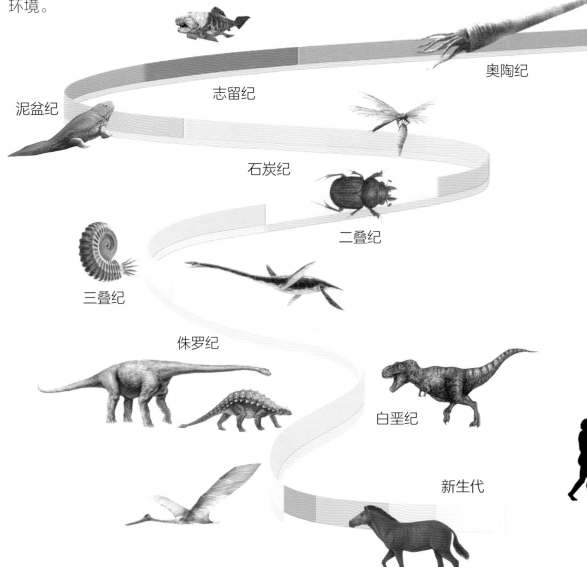

奥陶纪

志留纪

泥盆纪

石炭纪

二叠纪

三叠纪

侏罗纪

白垩纪

新生代

约 45 亿年前地球形成

约 38 亿年前最早的生命出现

寒武纪

寒武纪已经准备好了，真是"天时地利"都齐啦！

寒武纪不太"寒"

寒武纪开始的时候，地球气候相对温暖。海洋和空气中的氧气已经大大增加，天空中的臭氧层已经形成，能够有效地阻挡来自宇宙的紫外线辐射。同时，地球板块活动使得大陆架扩大，为浅海生物的发展提供了条件。火山频繁喷发的产物落入海洋中，增加了海水的营养，使得蓝细菌等原核生物、多细胞生物大量繁殖，并且出现了很多变异。所有这些，都为新生物的出现做好了准备。

自然瞭望台

捕食者首次出现

在寒武纪之初，海洋中出现了捕食者——原始动物，它们以数量丰富的原核生物蓝细菌等为食物。这种"捕食"的方式虽然比较简单，但却是前所未有的。生物和生物之间形成了"吃和被吃"的关系，最初的生物营养分级开始形成，这也大大促进了生物的分化和发展，预示着寒武纪生命大爆发即将到来。

生命大爆发

动动蛙
笔记

寒武纪生命大爆发名单

海绵动物

腔肠动物

曳鳃动物

叶足动物

节肢动物

腕足动物

软体动物

棘皮动物

脊索动物

······

　　根据化石研究，寒武纪之前的海洋中只有少数几个门类的生物，主要是一些藻类植物和无脊椎动物，种类也很有限。可是，到了寒武纪，在大约 2000 万年的时段里，海洋中突然爆发式地涌现出极为丰富的生物种类。这些生物不约而同集中在寒武纪出现，使得海洋中呈现出前所未有的繁荣景象，被称为"寒武纪生命大爆发"。

在寒武纪的海洋中，不知从哪里突然冒出来了许多之前从来没有过的动物，它们分别属于不同的门类。它们或者繁盛一时，遍布各处；或者称霸一方，占据优势；或者地位显著，成为生物演化的关键。

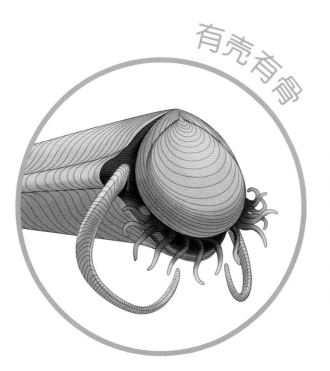

在寒武纪初期（距今约 5.4 亿年）的地层中，有大量聚集成堆的动物化石。这些化石的最大特点，就是个体小，但有硬质的外壳，体内还有骨骼。这些动物化石大量地混杂堆积在一起，形成了"小壳动物群"。硬壳保护了这些古生物，使其骨骼保持了原状，这使得它们能够更完整地保存在地层中形成化石。

海洋"明星"

寒武纪的海洋中一下子出现了许多新的动物，它们所属的门类几乎包括了迄今为止地球上出现过的所有动物大类，还有多种共生的藻类，其中还有不少动物"明星"呢。

"绵"里藏"针"

海绵动物是一类原始的多细胞动物，通过滤食方式生存，身体上有很多小孔，所以又被叫作多孔动物。海绵动物在寒武纪之前就已经出现，寒武纪时在原始海洋中大范围分布。由于海绵动物体内有大量钙质或硅质的骨针，因此死亡后被埋入地层，留下了数量惊人的化石。

摇曳的海百合

海百合被称为"海里的百合花"，但它并不是植物，而是一类原始的棘皮动物。它们大多靠长长的茎固着在海底，形似植物，随流摇曳，成为海底世界独特的风景。海百合出现在寒武纪，在距今两三亿年前的石炭纪海洋中最为繁盛。现在的海洋中，仍然有海百合的踪影。

海洋霸主——奇虾

奇虾是寒武纪原始海洋中的巨形猎食者，不过它和现在的虾类没有关系，而属于已经灭绝的一类无脊椎动物。奇虾不仅个体巨大，体长达到2米，还长着有柄的大眼。强壮的原螯肢和长满利齿的巨大口器，使它捕食当时海洋中任何动物都不在话下。

15

这个大钳子太可怕了！

从脊索到脊椎

看视频，长知识！

华夏鳗是已知的最古老的脊索动物之一，它生活在约5.3亿年前的寒武纪海洋中。随着脊索的不断演化，原始的脊椎逐渐形成，昆明鱼就是迄今发现的最古老的脊椎动物之一，而且后来所有脊椎动物可能都是从此发展起来的。因此，有人把华夏鳗称为"脊椎动物之源"。

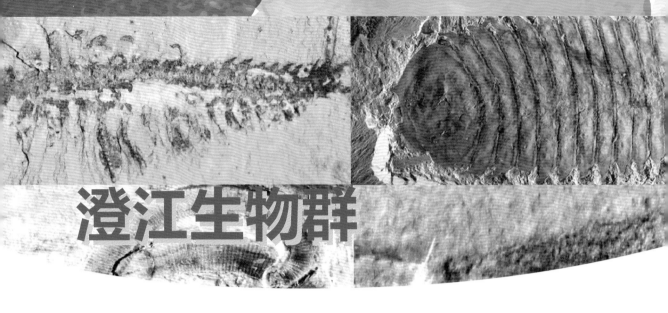

澄江生物群

　　20世纪80年代，在中国云南澄江的帽天山距今约5.2亿年的地层中，发现了大量保存完整的寒武纪古生物化石。经过长期的发掘和研究，证明这些古生物分属于20个生物门类、280多个物种，几乎所有现生动物门类的祖先都能在澄江生物群中找到，有些是已灭迹的生物门类，还有一些是尚未明确的奇特类群。

　　澄江生物群的发现，成为寒武纪生命大爆发的重要证据，轰动了国际科学界。澄江化石地也被誉为"世界级的化石宝库"，列入《世界遗产名录》。

昆明鱼

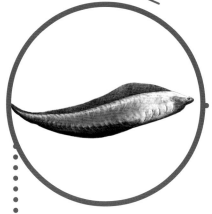

昆明鱼长约 3 厘米，是已知的地球上最古老的原始脊椎动物之一。

长尾纳罗虫

长尾纳罗虫又被称为"周小姐虫"，是最早发现的澄江生物群化石标本，也是澄江生物群中最常见的节肢动物之一。

中华微网虫

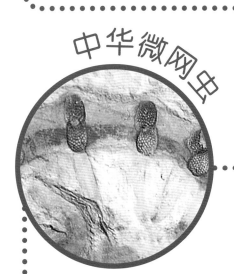

中华微网虫是澄江生物群所特有的类群，以躯干上长有网状骨片而与众不同。

抚仙湖虫

抚仙湖虫长约 10 厘米，身体已分化为头、胸、腹三部分，被认为是所有节肢动物的原始祖先。

三叶虫的海洋

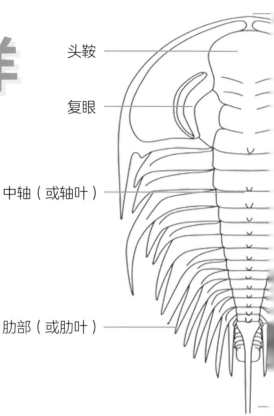

头鞍

复眼

中轴（或轴叶）

肋部（或肋叶）

寒武纪生命大爆发呈现了生物演化进程中最为壮观的一幕，而在寒武纪地层中留存下来化石数量最多、种类最丰富的，就是被称为"三叶虫"的海洋节肢动物。可以说，三叶虫就是寒武纪生命大爆发这场大戏的主角，而且在此后很长一段时间里，都在海洋中占据着绝对优势。所以，寒武纪又被称为"三叶虫时代"。

名从何来

这个虫长得还挺对称，想多了解就来看看视频吧！

绝大多数三叶虫都具有"三叶"的结构。它们的背面长着硬质甲壳，从前到后可分为头、胸、尾三部分。从背面看，有两条纵向的凹沟，将背甲分为中间的轴叶和两侧的肋叶，看上去就像三片并排的叶子。

头部

躯干

尾部

从头到尾

三叶虫的背面覆盖着硬质的甲壳。头甲呈马鞍形凸起，两侧长着一对复眼。胸甲分为很多节，既相互连接，又能各自活动，这使它的身体可以灵活地摆动，各节常有向两侧长出的"脚"状肋刺。尾节由多个体节合并而成，长短和形状各不相同，有些长着明显的尾刺。

多次蜕壳

有背壳的三叶虫可能和寒武纪早期的小壳动物群有关联，硬壳使它们的残骸得到了更好的保存。而且，三叶虫和今天遍布世界的节肢动物一样，在成长过程中要经过多次蜕壳。三叶虫每蜕一次壳，身体就长大一点，或增加一节胸节。三叶虫化石大多保存在质地细腻的石灰岩、页岩中，所以外壳形态常常保留得比较清晰完整。

为什么三叶虫化石多？

因为三叶虫从小到大要蜕很多次壳，蜕壳次数多，留下的硬壳就多，这是三叶虫化石特别多的原因之一。

萌懂
一刻

眼睛的诞生

寒武纪早期的动物还没有眼睛，所以它们只能"守株待兔"等待食物送到嘴里，而无法主动捕食。澄江动物群中的神奇啰哩山虫开始出现了最原始的复眼，能够感受光线；抚仙湖虫更进一步，它的复眼有着短柄，这样眼睛就能活动，便于观察；始莱德利基虫已经拥有了弯月形的复眼，这可能是地球上最早的功能完善的复眼。

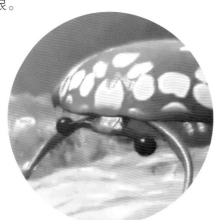

抚仙湖虫

看视频，
长知识！

精致复眼

三叶虫大多具有眼睛，而且逐步进化。它们的眼睛基本由硬晶体构成，这种硬晶体则是一种名为方解石的矿物质。由方解石组成的复眼相当精密，有的由几只小眼组成，有的有多达几千只小眼。每只小眼都像是一个六边形的棱镜，可以聚集光线；许多只小眼合在一起，又能将光线组合成清晰的图像。由于这些眼睛含有方解石成分，所以很容易随着三叶虫化石被很完整地保存下来，让我们可以了解到这些最古老的眼睛的许多细节。

始莱德利基虫

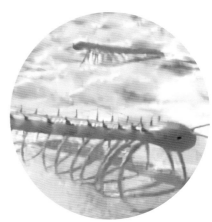

啰哩山虫

我的眼睛最好也连着一个长柄，这样能看到更多。

有柄的眼

有些三叶虫的复眼连着长长的眼柄，这样观察起来视角更广。逐渐进化的眼睛，为三叶虫的大发展提供了重要的保证。一方面，三叶虫能借助眼睛准确地发现食物；另一方面，眼睛使它们能更好地观察环境，防范危险。

神奇触角

许多三叶虫长有触角，这是它们重要的感觉器官，不仅能用来探测周围物体，还可能具有味觉功能和嗅觉功能。

占据海洋

从 5 亿多年前的寒武纪之初开始，三叶虫家族逐渐发展，成为原始海洋中最繁盛的一类生物。它们除了发展出硬甲、眼睛、触角等器官外，还采取了多种多样的生存方式，很好地适应了环境，从而占据了海洋的各个层面。

匍匐前进

大量三叶虫化石保存在石灰岩或页岩中，这说明三叶虫主要生活在温暖的浅海地区的海底。三叶虫的身体大多比较扁平，适合匍匐在海底松软的淤泥层上爬行，偶尔也能短距离游泳。底栖三叶虫的头甲大多坚硬宽扁，适合在软泥中挖掘。它们的肋刺常常比较发达，向两侧展开，既便于在淤泥中划动，帮助身体活动，也使身体不至于陷入到淤泥深层。而且，钻入泥沙对于行动相对缓慢的三叶虫来说，还能及时地躲避敌害。

有些三叶虫习惯在水中游泳，或者随着水流漂浮。不过，由于三叶虫的游动速度有限，它们应该难以捕捉其他游动的动物，而主要以微小的原生动物为食，也吃海绵动物、腔肠动物和软体动物的尸体，可能还会补充一些藻类。

游啊游

自然瞭望台

一刺两用

三叶虫的肋刺，既是游泳时划水的"桨"，又可以用作威吓和对抗敌人的武器。

蜷曲行进

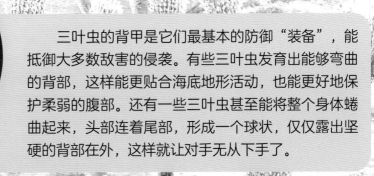

三叶虫的背甲是它们最基本的防御"装备"，能抵御大多数敌害的侵袭。有些三叶虫发育出能够弯曲的背部，这样能更贴合海底地形活动，也能更好地保护柔弱的腹部。还有一些三叶虫甚至能将整个身体蜷曲起来，头部连着尾部，形成一个球状，仅仅露出坚硬的背部在外，这样就让对手无从下手了。

挥别寒武纪

三叶虫在整个寒武纪都是海洋中的主角。当时许多其他无脊椎动物和藻类也得到了很大发展,例如原生动物、海绵动物、腕足动物、软体动物、棘皮动物等,当然,原始的脊索动物如华夏鳗等也已出现。在浅海地区,三叶虫常常与珊瑚、海胆、海百合、舌形贝、软舌螺、笔石等动物共同生活,几乎没有什么动物比三叶虫更繁盛。

繁盛背后

奥陶纪(距今 4.85 亿~ 4.43 亿年)时,气候温和,三叶虫延续着寒武纪以来的繁盛。它们的类型变得更丰富,种类更多,也有了更多样的生活方式。有的三叶虫长出了眼柄,有的三叶虫有长长的触角,喜欢游泳而不是在海底爬行的三叶虫更多了。不过,这个时期,一类强大的海洋掠食者——鹦鹉螺开始崛起了。

鹦鹉螺和菊石都属于古老的软体动物头足纲，早在奥陶纪时已逐渐兴起，不同的是，菊石类早已灭绝，而鹦鹉螺却有一支后裔一直演化至今。

在奥陶纪的海洋中，体长达到 2 米的鹦鹉螺成为海洋中的巨型捕猎者，也成了三叶虫最大的天敌。而它的近亲菊石虽然同样体形巨大，却可能是以微小的浮游生物为食的。

鹦鹉螺和菊石

现在的鹦鹉螺

菊石

鱼类的颌

奥陶纪出现了真正的鱼类，不过，它们属于无颌鱼类。到了距今约 4.2 亿年的志留纪，有颌鱼类出现了。无颌还是有颌大不一样：无颌鱼类只能吸食、吞咽，有颌鱼类就可以撕咬、咀嚼。所以，颌的出现让动物捕食猎物更加方便。

动动蛙笔记

上下颌

颌就是组成口部上下的骨骼和肌肉。上下颌的活动，大大促进了动物头部结构的发育和进化，还形成了以前所有动物都没有的脸部。

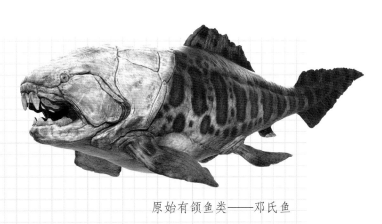

原始有颌鱼类——邓氏鱼

由盛而衰

距今 4.4 亿多年的奥陶纪末期和距今 3.6 亿多年的泥盆纪末期，地球上发生了两次大规模的物种灭绝。海陆大变迁，气候大变化，大量海洋生物从此灭绝。繁盛一时的三叶虫家族虽然躲过了这两次灾难，但已大大衰退，从海洋中的主角退居到防守、逃避的位置，很多三叶虫长出了刺和角，用来保护自身。相比之下，原始鱼类进入了大发展时期，两栖动物也逐渐兴起。

植物登陆

看视频，长知识！

志留纪（距今 4.43 亿～4.19 亿年）是地球生物又一次大幅射的时期。当时海洋中的无脊椎动物经历大灭绝后逐渐复苏，笔石、腕足动物、珊瑚、有孔虫等组成大面积的生物礁；鱼类更加繁盛发展，两栖动物也已经出现。

这个时期，陆地环境更加稳定，海洋中的生物开始向陆地发展。率先出现在陆地上的，是类似于苔藓的植物和裸蕨植物。它们虽然功能和结构还比较简单，但逐步适应了陆地环境和气候，最终成功登陆。

莱尼蕨　　　裸蕨　　　胜峰工蕨

陆地爬虫

　　最早出现在陆地上的动物，可能是一些节肢动物。它们经过漫长的演化，终于在大约 4 亿年前适应了陆地环境和气候。如今数量和种类占到整个动物界约一半的昆虫就是它们的"直系"后代。

无脊椎动物登陆

27

森林初现

　　泥盆纪（距今 4.19 亿～3.59 亿年）时，原始蕨类植物相继出现在陆地上，并逐渐繁衍出更多的种类和数量，最早的森林出现了。植物登陆及其发展繁荣，大大改善了陆地表面的生存环境和大气状况，为后续的动物登陆开辟了道路。

小原始蕨　　　　枝脉蕨　　　　梭鳞木

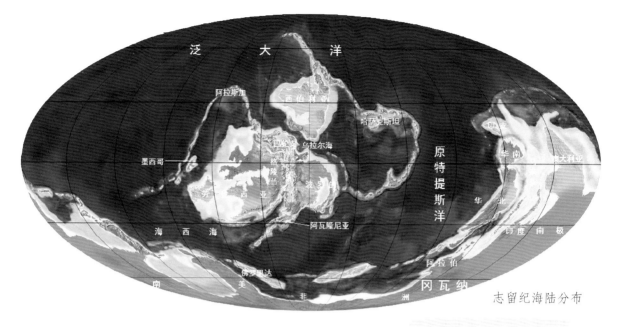

泛　大　洋

阿拉斯加
西伯利亚
哈萨克斯坦
乌拉尔海
墨西哥
格陵兰
波美伯
华南
澳大利亚
劳亚西亚
原特提斯洋
华北
海西海
阿瓦隆尼亚
印度　南极
佛罗里达
阿拉伯
南美　非　洲
冈瓦纳

志留纪海陆分布

海陆大变迁

怪不得泥盆纪又被叫
作"鱼类的时代"。

鱼上岸

　　泥盆纪时，地壳活动十分频繁。大片陆地从海洋中升起，海洋退却。陆地形成后，逐渐出现了山体、沟壑、河流、湖泊等各种地形，气候也变得更加复杂。随着陆地上植物大量繁育，地球大气中氧气也在增加。与此同时，原来生活在水中的一些动物，也为向陆地发展做好了准备。

　　如同三叶虫是寒武纪的主角，鱼类在泥盆纪获得了很大的发展。到了泥盆纪晚期，海洋中的一些鱼类悄悄地发生着改变，它们不再满足于水域，而是开始向陆地进发。

　　总鳍鱼类成为尝试登陆的脊椎动物先驱。它们一方面仍用鳃呼吸，另一方面已经演化出类似肺的器官，而且开始用鳍支撑身体，在泥涂上移动。提塔利克鱼就是这样的类型，它已经逐渐适应在水陆交界处的生活了。

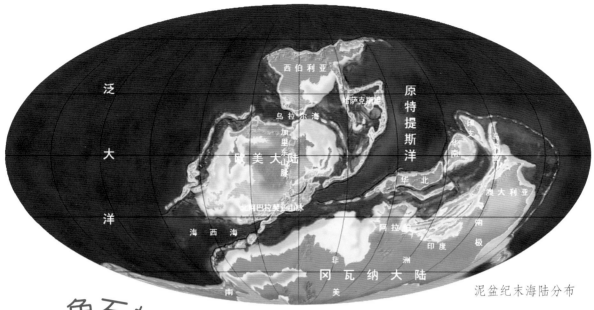

泛大洋

原特提斯洋

西伯利亚

哈萨克斯坦

乌拉尔海

欧美大陆

阿巴拉契亚山脉

海西海

非洲

华北

澳大利亚

南极

印度

阿拉伯

南美

冈瓦纳大陆

泥盆纪末海陆分布

鱼石螈

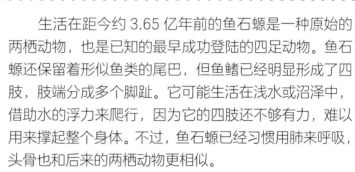

生活在距今约 3.65 亿年前的鱼石螈是一种原始的两栖动物，也是已知的最早成功登陆的四足动物。鱼石螈还保留着形似鱼类的尾巴，但鱼鳍已经明显形成了四肢，肢端分成多个脚趾。它可能生活在浅水或沼泽中，借助水的浮力来爬行，因为它的四肢还不够有力，难以用来撑起整个身体。不过，鱼石螈已经习惯用肺来呼吸，头骨也和后来的两栖动物更相似。

这是我的老祖宗吗？想了解两栖动物起源请来看看视频吧！

绿色大陆

到了石炭纪（距今 3.59 亿～ 2.99 亿年），地球上的陆地面积不断扩大，种子蕨大量出现，柯达木、古芦木、鳞木、封印木等高大乔木遍布各地，形成了繁茂的森林，绿色大陆第一次在地球上呈现。随后，裸子植物也出现了，这些具有种子的植物的诞生，对后来植物的发展和演化意义重大。

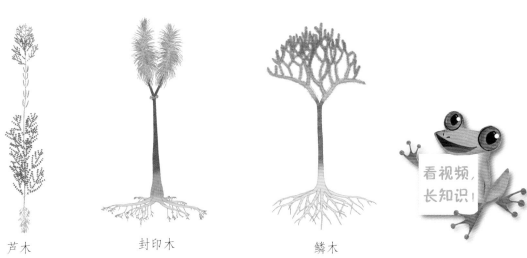

芦木　　　　　封印木　　　　　鳞木

看视频，长知识！

石炭纪时，曾经繁荣无比的三叶虫大家族只剩下了一小支还在海洋中"苟延残喘"。不过，和三叶虫同属于节肢动物门的另一支却成功地在陆地上生存下来，它们就是后来不断繁衍壮大的昆虫。

在石炭纪，已经出现了能飞行的昆虫，并且演化出了很多个目。蜻蜓目代表了这个时期的古昆虫，例如巨脉蜻蜓，它是地球上出现过的最大的蜻蜓，翅展达到 75 厘米。

蜻蜓飞舞

自然瞭望台

三叶虫的末日

二叠纪（距今 2.99 亿 ~ 2.52 亿年）的陆地上，裸子植物中的松柏类、苏铁类成为森林的主体，真正的爬行动物已经出现。海洋中，珊瑚繁盛，鱼类分化多样。

可是，到了二叠纪末，大规模的地壳板块运动、陨石撞击、火山活动等事件导致气候突变，地球史上最严重的一次生物大灭绝突然来袭，导致约 90% 的海洋生物和 70% 的陆地脊椎动物灭绝。前后在地球上生存了将近 3 亿年之久、曾经繁盛无比的三叶虫从此退出了生命的舞台。

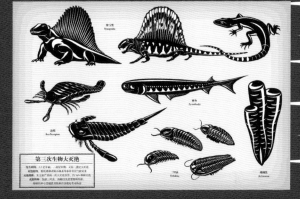

第三次生物大灭绝

再见了，三叶虫！

三叶虫家族

三叶虫属于节肢动物门，是最古老的甲壳动物。已经发现的三叶虫化石大约有 1 万种，分属于 10 个目。大多数三叶虫体长为 3 ~ 10 厘米。最大的三叶虫是在葡萄牙奥陶纪的地层里发现的，距今约 4.65 亿年，体长达到 90 厘米。最小的三叶虫体长只有 1 毫米多。

比较一下蝙蝠虫的尾部和展翅的蝙蝠，真的很像呢。

蝙蝠虫

蝙蝠虫是寒武纪海洋中分布很广的一种三叶虫，它的尾部有一对明显的肋刺，成为它的特征标志。很多时候，人们发现的蝙蝠虫化石，主要就是这对肋刺留下的痕迹。

说起蝙蝠虫的名字，还有一个有趣的故事。早在 300 多年前，有人就在山东泰安附近发现了一些奇怪的石头，上面有形似蝙蝠的图案，发现者据此把它叫作"蝙蝠石"。直到约 100 年前，古生物学家经过研究，才确认"蝙蝠石"实际上是 5 亿多年前的一种三叶虫尾部的化石，并且将这种三叶虫称为"蝙蝠虫"。

球接子

球接子是一种小型的三叶虫，一般长不到 6 毫米。"球接子"这个名字很形象，因为它的头部和尾部形似圆球，胸部很短，只有 2～3 节胸节，连接着头和尾。球接子大多没有眼睛，头部结构也比较简单，是少数"三叶"特征不明显的三叶虫。

莱德利基虫

莱德利基虫是一类比较原始的三叶虫，生活在寒武纪早期和中期，是始莱德利基虫的近亲。其头部的马鞍形凸起明显，有长须；胸部有很多分节；尾部非常短小。

王冠虫

王冠虫是 3 亿多年前志留纪地层中最常见的三叶虫之一。它的头甲边缘有一圈瘤状的突起，形似王冠上的饰珠，因此而得名。王冠虫的尾部中轴分节非常细密，而两侧的肋节却要少得多。